Problems #1

AF679508

9 +5	3 - 2	2 +5	2 - 1
5 - 3	10 +10	9 +9	6 +10
3 +9	7 +4	6 - 2	5 - 4
2 +6	9 +4	6 - 1	4 - 3
7 +2	9 - 4	7 - 6	6 - 5

Problems #2

6 +3	2 +5	3 +4	9 +9
7 +4	4 - 3	10 + 3	6 - 1
6 - 4	10 + 4	3 - 2	2 - 1
7 - 2	5 +5	9 - 6	7 - 4
9 - 8	6 - 3	7 +9	9 +5

Problems #3

8 +5	7 - 3	5 +6	2 +6
8 - 2	2 - 1	4 +6	10 + 7
8 - 7	9 +10	9 - 8	5 - 3
6 +8	6 - 5	5 - 1	5 - 4
3 +6	9 - 5	3 +8	10 + 6

Problems #4

5 - 4	9 - 3	5 - 1	7 +3
6 +7	9 - 2	8 +9	4 - 3
4 - 1	6 - 1	6 - 4	8 +8
6 +2	7 - 1	7 +2	2 +9
10 + 7	1 +8	2 - 1	10 +10

Problems #5

4 - 3	9 - 3	8 +5	6 - 2
8 - 7	3 - 2	7 +6	4 +2
9 +4	6 - 3	6 +4	2 - 1
4 - 2	7 +1	9 - 2	8 - 5
10 + 3	9 +10	4 +6	7 +10

Problems #6

5 +1	7 - 4	9 +4	6 +7
9 - 7	3 +10	4 +4	1 +3
7 - 6	1 +9	3 - 2	5 - 4
5 - 2	8 - 2	6 - 5	9 - 3
8 - 4	7 +8	7 +10	5 +8

Problems #7

5 +5	7 +8	2 - 1	3 +1
3 - 2	9 - 3	10 + 8	9 - 5
1 +4	1 +8	8 - 7	3 +8
4 - 3	7 - 3	8 +2	4 +1
10 + 5	3 - 1	6 - 3	8 - 6

Problems #8

6 - 5	2 +3	8 - 4	3 +4
3 +5	5 +7	8 +6	6 - 2
9 - 2	6 +3	8 +8	4 +3
5 - 4	7 - 6	10 + 3	3 - 1
8 - 7	8 +5	3 - 2	5 - 1

Problems #9

2 - 1	2 +6	9 +5	7 +2
7 - 6	2 +10	9 - 5	4 - 1
7 - 2	6 +7	5 +2	5 - 1
8 - 7	2 +2	5 - 3	8 - 1
2 +7	6 +2	6 - 5	1 +2

Problems #10

7	5	9	9
- 2	- 3	+8	- 8
8	6	2	2
+10	- 2	- 1	+8
3	5	8	9
+4	- 4	+5	+9
5	3	1	5
+2	+9	+2	+7
6	4	4	3
- 5	- 1	- 3	- 1

Problems #11

4 - 3	5 +2	6 - 1	2 +10
3 - 2	8 +9	5 - 2	6 +6
8 +8	2 +7	7 - 6	7 +5
6 - 4	2 +3	5 +1	2 - 1
8 +1	3 - 1	8 - 1	9 - 8

Problems #12

3 - 2	2 +3	10 + 8	4 - 1
8 - 7	6 +3	2 +4	7 +5
8 +5	10 + 7	9 - 7	7 - 1
6 - 3	2 +5	5 +5	9 - 8
9 - 4	2 - 1	9 +9	9 - 2

Problems #13

3	5	8	8
- 1	+3	- 2	+8
8	2	2	5
- 5	+4	- 1	+4
9	7	5	5
- 3	- 5	+5	+7
6	7	1	7
+2	+9	+10	- 6
3	6	4	1
- 2	- 5	- 2	+5

Problems #14

10 + 5	9 +2	9 +10	10 + 7
3 - 1	2 - 1	7 - 6	2 +1
3 - 2	6 +7	4 - 3	8 - 5
8 +5	7 - 1	5 - 4	6 - 4
9 - 1	10 + 4	4 +1	5 +10

Problems #15

8	4	2	7
+1	- 2	- 1	- 1
8	5	1	5
+6	+4	+4	- 3
7	8	8	5
- 5	- 6	+7	- 2
7	4	2	6
+4	- 3	+3	+4
8	1	6	10
- 4	+5	- 2	+ 6

Problems #16

10	2	4	6
+ 6	+9	+7	- 4
7	6	6	8
+10	+3	+1	- 2
3	9	2	8
+9	- 2	- 1	- 5
7	6	5	4
- 6	- 5	+1	- 1
7	4	4	4
+5	+8	- 2	- 3

Problems #17

8	6	1	9
+3	+7	+5	+9
4	9	4	9
- 1	- 1	- 3	- 8
9	2	2	2
- 6	- 1	+6	+7
5	6	7	6
- 3	- 2	+8	- 3
5	4	9	9
+8	+1	+6	- 3

Problems #18

5 - 4	9 +10	9 - 3	9 +3
3 +1	3 - 2	6 +2	3 +10
7 - 6	8 - 7	9 +6	5 - 2
7 +4	6 +9	4 - 3	2 - 1
6 - 3	10 + 3	3 - 1	7 +10

Problems #19

$$\begin{array}{r} 4 \\ -\ 3 \\ \hline \end{array} \qquad \begin{array}{r} 2 \\ +1 \\ \hline \end{array} \qquad \begin{array}{r} 7 \\ -\ 1 \\ \hline \end{array} \qquad \begin{array}{r} 5 \\ +4 \\ \hline \end{array}$$

$$\begin{array}{r} 5 \\ -\ 1 \\ \hline \end{array} \qquad \begin{array}{r} 7 \\ -\ 6 \\ \hline \end{array} \qquad \begin{array}{r} 6 \\ -\ 4 \\ \hline \end{array} \qquad \begin{array}{r} 5 \\ +6 \\ \hline \end{array}$$

$$\begin{array}{r} 5 \\ +9 \\ \hline \end{array} \qquad \begin{array}{r} 3 \\ -\ 2 \\ \hline \end{array} \qquad \begin{array}{r} 7 \\ -\ 4 \\ \hline \end{array} \qquad \begin{array}{r} 9 \\ -\ 6 \\ \hline \end{array}$$

$$\begin{array}{r} 9 \\ +6 \\ \hline \end{array} \qquad \begin{array}{r} 9 \\ +3 \\ \hline \end{array} \qquad \begin{array}{r} 1 \\ +8 \\ \hline \end{array} \qquad \begin{array}{r} 3 \\ +3 \\ \hline \end{array}$$

$$\begin{array}{r} 7 \\ +1 \\ \hline \end{array} \qquad \begin{array}{r} 9 \\ -\ 4 \\ \hline \end{array} \qquad \begin{array}{r} 5 \\ -\ 4 \\ \hline \end{array} \qquad \begin{array}{r} 5 \\ +2 \\ \hline \end{array}$$

Problems #20

6 - 3	9 - 8	2 - 1	8 - 3
5 - 4	7 - 3	6 +9	7 - 6
6 +7	5 - 3	9 +10	5 +3
1 +9	5 +1	4 - 2	8 +5
1 +6	10 + 6	8 - 4	1 +5

Problems #21

$\begin{array}{r} 4 \\ +8 \\ \hline \end{array}$	$\begin{array}{r} 9 \\ +4 \\ \hline \end{array}$	$\begin{array}{r} 8 \\ -1 \\ \hline \end{array}$	$\begin{array}{r} 9 \\ -3 \\ \hline \end{array}$
$\begin{array}{r} 1 \\ +1 \\ \hline \end{array}$	$\begin{array}{r} 4 \\ -2 \\ \hline \end{array}$	$\begin{array}{r} 8 \\ +10 \\ \hline \end{array}$	$\begin{array}{r} 9 \\ -4 \\ \hline \end{array}$
$\begin{array}{r} 1 \\ +10 \\ \hline \end{array}$	$\begin{array}{r} 10 \\ +\ \ 2 \\ \hline \end{array}$	$\begin{array}{r} 3 \\ +3 \\ \hline \end{array}$	$\begin{array}{r} 9 \\ -6 \\ \hline \end{array}$
$\begin{array}{r} 4 \\ -3 \\ \hline \end{array}$	$\begin{array}{r} 2 \\ +5 \\ \hline \end{array}$	$\begin{array}{r} 2 \\ -1 \\ \hline \end{array}$	$\begin{array}{r} 10 \\ +\ \ 1 \\ \hline \end{array}$
$\begin{array}{r} 10 \\ +\ \ 6 \\ \hline \end{array}$	$\begin{array}{r} 3 \\ -2 \\ \hline \end{array}$	$\begin{array}{r} 8 \\ -2 \\ \hline \end{array}$	$\begin{array}{r} 5 \\ -2 \\ \hline \end{array}$

Problems #22

7 +3	5 +8	3 - 2	1 +4
3 +6	10 +10	9 - 8	9 - 5
4 +2	8 +9	4 - 3	7 - 3
8 - 3	6 - 4	1 +7	6 - 2
7 - 5	3 +9	3 +8	3 - 1

Problems #23

$\begin{array}{r} 3 \\ +6 \\ \hline \end{array}$	$\begin{array}{r} 7 \\ +7 \\ \hline \end{array}$	$\begin{array}{r} 5 \\ -3 \\ \hline \end{array}$	$\begin{array}{r} 3 \\ +2 \\ \hline \end{array}$
$\begin{array}{r} 8 \\ -6 \\ \hline \end{array}$	$\begin{array}{r} 3 \\ -2 \\ \hline \end{array}$	$\begin{array}{r} 8 \\ -3 \\ \hline \end{array}$	$\begin{array}{r} 1 \\ +4 \\ \hline \end{array}$
$\begin{array}{r} 2 \\ +2 \\ \hline \end{array}$	$\begin{array}{r} 3 \\ +5 \\ \hline \end{array}$	$\begin{array}{r} 6 \\ -1 \\ \hline \end{array}$	$\begin{array}{r} 4 \\ -2 \\ \hline \end{array}$
$\begin{array}{r} 8 \\ -2 \\ \hline \end{array}$	$\begin{array}{r} 7 \\ -6 \\ \hline \end{array}$	$\begin{array}{r} 10 \\ +\ 3 \\ \hline \end{array}$	$\begin{array}{r} 4 \\ -3 \\ \hline \end{array}$
$\begin{array}{r} 8 \\ +7 \\ \hline \end{array}$	$\begin{array}{r} 5 \\ -4 \\ \hline \end{array}$	$\begin{array}{r} 2 \\ +1 \\ \hline \end{array}$	$\begin{array}{r} 9 \\ +7 \\ \hline \end{array}$

Problems #24

8 - 5	4 - 3	3 - 2	7 +2
2 - 1	8 - 7	9 - 2	5 +8
7 - 3	8 +7	1 +6	10 + 3
7 - 6	9 - 6	5 - 3	1 +5
9 +7	10 + 1	3 +6	7 +9

Problems #25

$\begin{array}{r} 5 \\ \underline{-\ 4} \end{array}$	$\begin{array}{r} 2 \\ \underline{-\ 1} \end{array}$	$\begin{array}{r} 8 \\ \underline{-\ 7} \end{array}$	$\begin{array}{r} 3 \\ \underline{-\ 2} \end{array}$
$\begin{array}{r} 9 \\ \underline{-\ 7} \end{array}$	$\begin{array}{r} 6 \\ \underline{+10} \end{array}$	$\begin{array}{r} 10 \\ \underline{+\ \ 8} \end{array}$	$\begin{array}{r} 4 \\ \underline{+5} \end{array}$
$\begin{array}{r} 4 \\ \underline{-\ 3} \end{array}$	$\begin{array}{r} 4 \\ \underline{-\ 1} \end{array}$	$\begin{array}{r} 6 \\ \underline{+3} \end{array}$	$\begin{array}{r} 4 \\ \underline{+10} \end{array}$
$\begin{array}{r} 7 \\ \underline{+6} \end{array}$	$\begin{array}{r} 9 \\ \underline{-\ 1} \end{array}$	$\begin{array}{r} 3 \\ \underline{+6} \end{array}$	$\begin{array}{r} 10 \\ \underline{+10} \end{array}$
$\begin{array}{r} 6 \\ \underline{-\ 5} \end{array}$	$\begin{array}{r} 9 \\ \underline{+1} \end{array}$	$\begin{array}{r} 4 \\ \underline{-\ 2} \end{array}$	$\begin{array}{r} 7 \\ \underline{+3} \end{array}$

Problems #26

8 +7	3 +4	3 - 2	2 - 1
8 - 6	6 - 1	9 - 1	4 +1
3 +3	7 - 6	9 - 7	6 - 2
10 + 4	1 +2	9 +8	7 +4
2 +5	4 - 3	7 +9	9 - 8

Problems #27

$\begin{array}{r} 5 \\ +7 \\ \hline \end{array}$	$\begin{array}{r} 4 \\ +5 \\ \hline \end{array}$	$\begin{array}{r} 7 \\ -5 \\ \hline \end{array}$	$\begin{array}{r} 5 \\ -2 \\ \hline \end{array}$
$\begin{array}{r} 7 \\ +9 \\ \hline \end{array}$	$\begin{array}{r} 6 \\ -1 \\ \hline \end{array}$	$\begin{array}{r} 8 \\ +5 \\ \hline \end{array}$	$\begin{array}{r} 6 \\ +6 \\ \hline \end{array}$
$\begin{array}{r} 8 \\ -4 \\ \hline \end{array}$	$\begin{array}{r} 9 \\ -4 \\ \hline \end{array}$	$\begin{array}{r} 9 \\ +9 \\ \hline \end{array}$	$\begin{array}{r} 4 \\ -3 \\ \hline \end{array}$
$\begin{array}{r} 6 \\ +9 \\ \hline \end{array}$	$\begin{array}{r} 2 \\ -1 \\ \hline \end{array}$	$\begin{array}{r} 5 \\ -3 \\ \hline \end{array}$	$\begin{array}{r} 3 \\ -1 \\ \hline \end{array}$
$\begin{array}{r} 8 \\ -5 \\ \hline \end{array}$	$\begin{array}{r} 7 \\ +7 \\ \hline \end{array}$	$\begin{array}{r} 4 \\ +10 \\ \hline \end{array}$	$\begin{array}{r} 8 \\ +3 \\ \hline \end{array}$

Problems #28

$\begin{array}{r} 3 \\ +9 \\ \hline \end{array}$	$\begin{array}{r} 7 \\ -4 \\ \hline \end{array}$	$\begin{array}{r} 5 \\ +8 \\ \hline \end{array}$	$\begin{array}{r} 10 \\ +2 \\ \hline \end{array}$
$\begin{array}{r} 10 \\ +10 \\ \hline \end{array}$	$\begin{array}{r} 9 \\ -5 \\ \hline \end{array}$	$\begin{array}{r} 8 \\ +6 \\ \hline \end{array}$	$\begin{array}{r} 6 \\ +9 \\ \hline \end{array}$
$\begin{array}{r} 9 \\ +9 \\ \hline \end{array}$	$\begin{array}{r} 3 \\ -2 \\ \hline \end{array}$	$\begin{array}{r} 4 \\ +9 \\ \hline \end{array}$	$\begin{array}{r} 4 \\ -3 \\ \hline \end{array}$
$\begin{array}{r} 8 \\ -1 \\ \hline \end{array}$	$\begin{array}{r} 9 \\ -8 \\ \hline \end{array}$	$\begin{array}{r} 5 \\ -1 \\ \hline \end{array}$	$\begin{array}{r} 3 \\ +8 \\ \hline \end{array}$
$\begin{array}{r} 6 \\ -1 \\ \hline \end{array}$	$\begin{array}{r} 7 \\ -5 \\ \hline \end{array}$	$\begin{array}{r} 5 \\ +6 \\ \hline \end{array}$	$\begin{array}{r} 7 \\ -1 \\ \hline \end{array}$

Problems #29

3 - 2	3 +6	7 - 2	5 +10
2 +2	6 - 3	2 - 1	10 +10
2 +9	9 - 7	7 - 4	5 +5
9 - 5	6 - 2	6 +10	4 - 2
9 - 8	4 +9	1 +4	9 +4

Problems #30

5 - 4	8 - 6	5 +4	3 +3
10 + 8	5 +3	6 +8	3 - 1
5 - 2	7 +2	4 - 2	3 - 2
2 - 1	5 +6	8 +8	5 - 1
4 +1	9 - 2	4 - 3	3 +9

Problems #31

3 +5	4 - 2	9 - 7	5 +1
6 +5	2 +6	2 - 1	5 +10
4 - 3	3 +1	8 - 7	4 +6
3 - 1	9 - 4	9 +7	9 +5
8 - 1	8 - 3	5 - 1	8 +9

Problems #32

3 - 1	8 - 7	5 - 2	6 +5
2 - 1	6 +2	7 - 3	6 +9
7 - 6	9 - 3	9 - 2	1 +3
7 +7	1 +8	7 - 4	4 +10
1 +6	6 - 4	7 +10	7 +5

Problems #33

4 - 1	7 +4	5 +3	3 - 1
8 - 2	9 - 5	7 - 6	10 + 1
3 +2	6 - 1	5 - 4	4 +8
8 +6	8 - 3	4 - 3	9 +7
1 +8	6 +9	2 +2	5 - 3

Problems #34

9 - 6	8 - 2	2 - 1	9 - 3
8 +7	5 - 1	8 +8	4 +2
3 +3	5 - 3	10 + 6	3 +8
7 - 6	4 +5	9 - 8	3 +4
6 +10	5 - 2	4 - 3	9 +2

Problems #35

6 +2	8 - 7	4 +9	9 - 5
8 - 2	8 - 5	2 +7	4 +3
9 +6	3 - 2	5 - 1	9 - 6
3 +4	3 +9	8 - 3	7 - 2
3 +6	5 +5	10 + 6	8 - 1

Problems #36

$\begin{array}{r} 8 \\ +8 \\ \hline \end{array}$	$\begin{array}{r} 3 \\ -2 \\ \hline \end{array}$	$\begin{array}{r} 6 \\ -1 \\ \hline \end{array}$	$\begin{array}{r} 4 \\ +3 \\ \hline \end{array}$
$\begin{array}{r} 1 \\ +9 \\ \hline \end{array}$	$\begin{array}{r} 3 \\ -1 \\ \hline \end{array}$	$\begin{array}{r} 10 \\ +3 \\ \hline \end{array}$	$\begin{array}{r} 10 \\ +1 \\ \hline \end{array}$
$\begin{array}{r} 5 \\ -2 \\ \hline \end{array}$	$\begin{array}{r} 4 \\ +7 \\ \hline \end{array}$	$\begin{array}{r} 9 \\ -6 \\ \hline \end{array}$	$\begin{array}{r} 10 \\ +9 \\ \hline \end{array}$
$\begin{array}{r} 2 \\ +1 \\ \hline \end{array}$	$\begin{array}{r} 4 \\ -3 \\ \hline \end{array}$	$\begin{array}{r} 7 \\ -2 \\ \hline \end{array}$	$\begin{array}{r} 6 \\ -5 \\ \hline \end{array}$
$\begin{array}{r} 7 \\ +8 \\ \hline \end{array}$	$\begin{array}{r} 4 \\ -1 \\ \hline \end{array}$	$\begin{array}{r} 8 \\ +1 \\ \hline \end{array}$	$\begin{array}{r} 8 \\ -7 \\ \hline \end{array}$

Problems #37

7 - 5	1 +6	5 +6	5 - 1
8 - 6	2 +9	3 +4	7 +9
2 - 1	3 +1	4 +1	2 +8
7 - 3	6 - 5	7 - 6	7 - 4
9 - 8	8 +3	1 +9	4 - 2

Problems #38

2 +3	10 + 8	8 - 4	10 +10
3 +5	9 - 7	8 - 7	2 +9
8 +10	5 - 3	5 +3	9 +5
3 +10	6 - 4	10 + 1	6 - 5
3 - 2	4 - 3	2 - 1	3 - 1

Problems #39

2 +1	6 - 4	7 +9	1 +3
6 - 2	1 +4	9 - 2	9 +3
7 +7	9 - 1	6 - 5	6 +8
6 +7	9 - 8	3 - 2	7 - 3
2 - 1	9 +5	7 - 4	3 +4

Problems #40

8	5	9	7
- 6	+6	+2	+5
5	8	10	3
+5	+8	+ 3	+7
9	8	3	7
- 2	- 5	- 1	- 4
9	6	3	2
- 6	- 5	+9	- 1
4	3	4	5
+6	+1	- 2	- 3

Problems #41

6 - 2	3 - 2	10 + 9	3 +3
4 +5	2 +2	1 +5	9 - 8
10 + 5	2 +7	8 - 6	8 - 4
3 +4	2 - 1	3 +5	7 - 2
4 - 3	8 - 7	5 - 3	9 +5

Problems #42

5 - 4	7 +3	8 - 7	6 +6
3 +6	10 + 1	8 +3	6 - 3
2 - 1	8 - 5	6 +3	1 +10
6 - 5	8 +10	8 - 4	7 - 6
3 +1	10 + 5	7 - 1	5 - 3

Problems #43

7 +6	1 +4	9 - 7	6 - 5
6 +1	7 +7	7 - 6	8 +3
2 +8	2 +5	9 - 2	2 - 1
8 +1	4 - 3	5 - 2	1 +3
5 +7	8 - 7	7 - 1	8 - 1

Problems #44

8 +5	4 - 1	2 +7	7 - 6
9 - 5	9 - 2	4 - 3	7 - 5
1 +5	6 +2	1 +3	9 - 8
7 +8	6 +6	9 - 4	2 - 1
3 - 2	1 +8	5 +10	10 + 2

Problems #45

4 +6	3 - 1	7 +8	2 - 1
8 - 5	10 + 8	9 +3	7 - 2
2 +9	5 +1	4 - 3	3 +10
3 - 2	2 +2	7 - 6	6 - 4
3 +8	3 +4	9 - 1	6 - 1

Problems #46

7 - 6	8 +9	1 +8	5 - 2
6 +7	9 +5	5 - 3	3 - 2
1 +7	10 + 3	8 +8	6 - 3
8 - 2	9 +1	3 - 1	3 +2
9 - 3	1 +10	5 - 4	2 - 1

Problems #47

6 +6	9 +4	8 - 2	4 - 3
4 - 1	2 - 1	6 - 2	6 - 5
8 +7	10 + 8	9 - 1	5 - 4
7 +5	8 - 7	7 - 3	10 + 7
2 +2	1 +3	3 +3	2 +7

Problems #48

8 - 2	5 - 2	7 - 4	3 +6
4 - 3	7 +7	2 +3	9 - 7
7 - 5	8 +1	1 +8	6 +2
8 - 3	3 - 1	4 +6	10 + 7
7 +8	8 - 5	6 - 4	9 +7

Problems #49

6 - 2	1 +2	3 +3	9 - 3
5 - 4	3 - 2	4 - 3	9 - 4
4 +2	1 +5	8 - 6	10 + 5
2 +4	6 +5	2 - 1	5 +2
6 - 4	2 +1	8 - 1	9 +8

Problems #50

4 - 1	5 - 2	4 +5	6 +10
3 - 1	6 - 5	9 - 2	6 - 1
9 - 7	4 +1	6 +4	10 + 7
8 +6	9 - 6	9 +10	7 - 3
8 +7	10 + 1	8 +4	8 - 7

Solution #1

$$\begin{array}{r} 9 \\ +\ 5 \\ \hline 14 \end{array} \qquad \begin{array}{r} 3 \\ -\ 2 \\ \hline 1 \end{array} \qquad \begin{array}{r} 2 \\ +5 \\ \hline 7 \end{array} \qquad \begin{array}{r} 2 \\ -\ 1 \\ \hline 1 \end{array}$$

$$\begin{array}{r} 5 \\ -\ 3 \\ \hline 2 \end{array} \qquad \begin{array}{r} 10 \\ +10 \\ \hline 20 \end{array} \qquad \begin{array}{r} 9 \\ +\ 9 \\ \hline 18 \end{array} \qquad \begin{array}{r} 6 \\ +10 \\ \hline 16 \end{array}$$

$$\begin{array}{r} 3 \\ +\ 9 \\ \hline 12 \end{array} \qquad \begin{array}{r} 7 \\ +\ 4 \\ \hline 11 \end{array} \qquad \begin{array}{r} 6 \\ -\ 2 \\ \hline 4 \end{array} \qquad \begin{array}{r} 5 \\ -\ 4 \\ \hline 1 \end{array}$$

$$\begin{array}{r} 2 \\ +6 \\ \hline 8 \end{array} \qquad \begin{array}{r} 9 \\ +\ 4 \\ \hline 13 \end{array} \qquad \begin{array}{r} 6 \\ -\ 1 \\ \hline 5 \end{array} \qquad \begin{array}{r} 4 \\ -\ 3 \\ \hline 1 \end{array}$$

$$\begin{array}{r} 7 \\ +2 \\ \hline 9 \end{array} \qquad \begin{array}{r} 9 \\ -\ 4 \\ \hline 5 \end{array} \qquad \begin{array}{r} 7 \\ -\ 6 \\ \hline 1 \end{array} \qquad \begin{array}{r} 6 \\ -\ 5 \\ \hline 1 \end{array}$$

Solution #2

6	2	3	9
+3	+5	+4	+ 9
9	7	7	18
7	4	10	6
+ 4	- 3	+ 3	- 1
11	1	13	5
6	10	3	2
- 4	+ 4	- 2	- 1
2	14	1	1
7	5	9	7
- 2	+ 5	- 6	- 4
5	10	3	3
9	6	7	9
- 8	- 3	+ 9	+ 5
1	3	16	14

Solution #3

$\begin{array}{r} 8 \\ +\ 5 \\ \hline 13 \end{array}$	$\begin{array}{r} 7 \\ -\ 3 \\ \hline 4 \end{array}$	$\begin{array}{r} 5 \\ +\ 6 \\ \hline 11 \end{array}$	$\begin{array}{r} 2 \\ +6 \\ \hline 8 \end{array}$
$\begin{array}{r} 8 \\ -\ 2 \\ \hline 6 \end{array}$	$\begin{array}{r} 2 \\ -\ 1 \\ \hline 1 \end{array}$	$\begin{array}{r} 4 \\ +\ 6 \\ \hline 10 \end{array}$	$\begin{array}{r} 10 \\ +\ 7 \\ \hline 17 \end{array}$
$\begin{array}{r} 8 \\ -\ 7 \\ \hline 1 \end{array}$	$\begin{array}{r} 9 \\ +10 \\ \hline 19 \end{array}$	$\begin{array}{r} 9 \\ -\ 8 \\ \hline 1 \end{array}$	$\begin{array}{r} 5 \\ -\ 3 \\ \hline 2 \end{array}$
$\begin{array}{r} 6 \\ +\ 8 \\ \hline 14 \end{array}$	$\begin{array}{r} 6 \\ -\ 5 \\ \hline 1 \end{array}$	$\begin{array}{r} 5 \\ -\ 1 \\ \hline 4 \end{array}$	$\begin{array}{r} 5 \\ -\ 4 \\ \hline 1 \end{array}$
$\begin{array}{r} 3 \\ +6 \\ \hline 9 \end{array}$	$\begin{array}{r} 9 \\ -\ 5 \\ \hline 4 \end{array}$	$\begin{array}{r} 3 \\ +\ 8 \\ \hline 11 \end{array}$	$\begin{array}{r} 10 \\ +\ 6 \\ \hline 16 \end{array}$

Solution #4

5	9	5	7
- 4	- 3	- 1	+ 3
1	6	4	10
6	9	8	4
+ 7	- 2	+ 9	- 3
13	7	17	1
4	6	6	8
- 1	- 1	- 4	+ 8
3	5	2	16
6	7	7	2
+2	- 1	+2	+ 9
8	6	9	11
10	1	2	10
+ 7	+8	- 1	+10
17	9	1	20

Solution #5

$\begin{array}{r} 4 \\ -\ 3 \\ \hline 1 \end{array}$	$\begin{array}{r} 9 \\ -\ 3 \\ \hline 6 \end{array}$	$\begin{array}{r} 8 \\ +\ 5 \\ \hline 13 \end{array}$	$\begin{array}{r} 6 \\ -\ 2 \\ \hline 4 \end{array}$
$\begin{array}{r} 8 \\ -\ 7 \\ \hline 1 \end{array}$	$\begin{array}{r} 3 \\ -\ 2 \\ \hline 1 \end{array}$	$\begin{array}{r} 7 \\ +\ 6 \\ \hline 13 \end{array}$	$\begin{array}{r} 4 \\ +2 \\ \hline 6 \end{array}$
$\begin{array}{r} 9 \\ +\ 4 \\ \hline 13 \end{array}$	$\begin{array}{r} 6 \\ -\ 3 \\ \hline 3 \end{array}$	$\begin{array}{r} 6 \\ +\ 4 \\ \hline 10 \end{array}$	$\begin{array}{r} 2 \\ -\ 1 \\ \hline 1 \end{array}$
$\begin{array}{r} 4 \\ -\ 2 \\ \hline 2 \end{array}$	$\begin{array}{r} 7 \\ +1 \\ \hline 8 \end{array}$	$\begin{array}{r} 9 \\ -\ 2 \\ \hline 7 \end{array}$	$\begin{array}{r} 8 \\ -\ 5 \\ \hline 3 \end{array}$
$\begin{array}{r} 10 \\ +\ 3 \\ \hline 13 \end{array}$	$\begin{array}{r} 9 \\ +10 \\ \hline 19 \end{array}$	$\begin{array}{r} 4 \\ +\ 6 \\ \hline 10 \end{array}$	$\begin{array}{r} 7 \\ +10 \\ \hline 17 \end{array}$

Solution #6

5 +1 6	7 - 4 3	9 + 4 13	6 + 7 13
9 - 7 2	3 +10 13	4 +4 8	1 +3 4
7 - 6 1	1 + 9 10	3 - 2 1	5 - 4 1
5 - 2 3	8 - 2 6	6 - 5 1	9 - 3 6
8 - 4 4	7 + 8 15	7 +10 17	5 + 8 13

Solution #7

5 + 5 = 10	7 + 8 = 15	2 - 1 = 1	3 + 1 = 4
3 - 2 = 1	9 - 3 = 6	10 + 8 = 18	9 - 5 = 4
1 + 4 = 5	1 + 8 = 9	8 - 7 = 1	3 + 8 = 11
4 - 3 = 1	7 - 3 = 4	8 + 2 = 10	4 + 1 = 5
10 + 5 = 15	3 - 1 = 2	6 - 3 = 3	8 - 6 = 2

Solution #8

6 - 5 1	2 +3 5	8 - 4 4	3 +4 7
3 +5 8	5 + 7 12	8 + 6 14	6 - 2 4
9 - 2 7	6 +3 9	8 + 8 16	4 +3 7
5 - 4 1	7 - 6 1	10 + 3 13	3 - 1 2
8 - 7 1	8 + 5 13	3 - 2 1	5 - 1 4

Solution #9

$$\begin{array}{r} 2 \\ -\ 1 \\ \hline 1 \end{array} \qquad \begin{array}{r} 2 \\ +6 \\ \hline 8 \end{array} \qquad \begin{array}{r} 9 \\ +\ \ 5 \\ \hline 14 \end{array} \qquad \begin{array}{r} 7 \\ +2 \\ \hline 9 \end{array}$$

$$\begin{array}{r} 7 \\ -\ 6 \\ \hline 1 \end{array} \qquad \begin{array}{r} 2 \\ +10 \\ \hline 12 \end{array} \qquad \begin{array}{r} 9 \\ -\ 5 \\ \hline 4 \end{array} \qquad \begin{array}{r} 4 \\ -\ 1 \\ \hline 3 \end{array}$$

$$\begin{array}{r} 7 \\ -\ 2 \\ \hline 5 \end{array} \qquad \begin{array}{r} 6 \\ +\ \ 7 \\ \hline 13 \end{array} \qquad \begin{array}{r} 5 \\ +2 \\ \hline 7 \end{array} \qquad \begin{array}{r} 5 \\ -\ 1 \\ \hline 4 \end{array}$$

$$\begin{array}{r} 8 \\ -\ 7 \\ \hline 1 \end{array} \qquad \begin{array}{r} 2 \\ +2 \\ \hline 4 \end{array} \qquad \begin{array}{r} 5 \\ -\ 3 \\ \hline 2 \end{array} \qquad \begin{array}{r} 8 \\ -\ 1 \\ \hline 7 \end{array}$$

$$\begin{array}{r} 2 \\ +7 \\ \hline 9 \end{array} \qquad \begin{array}{r} 6 \\ +2 \\ \hline 8 \end{array} \qquad \begin{array}{r} 6 \\ -\ 5 \\ \hline 1 \end{array} \qquad \begin{array}{r} 1 \\ +2 \\ \hline 3 \end{array}$$

Solution #10

$\begin{array}{r} 7 \\ -\ 2 \\ \hline 5 \end{array}$	$\begin{array}{r} 5 \\ -\ 3 \\ \hline 2 \end{array}$	$\begin{array}{r} 9 \\ +\ 8 \\ \hline 17 \end{array}$	$\begin{array}{r} 9 \\ -\ 8 \\ \hline 1 \end{array}$
$\begin{array}{r} 8 \\ +10 \\ \hline 18 \end{array}$	$\begin{array}{r} 6 \\ -\ 2 \\ \hline 4 \end{array}$	$\begin{array}{r} 2 \\ -\ 1 \\ \hline 1 \end{array}$	$\begin{array}{r} 2 \\ +\ 8 \\ \hline 10 \end{array}$
$\begin{array}{r} 3 \\ +4 \\ \hline 7 \end{array}$	$\begin{array}{r} 5 \\ -\ 4 \\ \hline 1 \end{array}$	$\begin{array}{r} 8 \\ +\ 5 \\ \hline 13 \end{array}$	$\begin{array}{r} 9 \\ +\ 9 \\ \hline 18 \end{array}$
$\begin{array}{r} 5 \\ +2 \\ \hline 7 \end{array}$	$\begin{array}{r} 3 \\ +\ 9 \\ \hline 12 \end{array}$	$\begin{array}{r} 1 \\ +2 \\ \hline 3 \end{array}$	$\begin{array}{r} 5 \\ +\ 7 \\ \hline 12 \end{array}$
$\begin{array}{r} 6 \\ -\ 5 \\ \hline 1 \end{array}$	$\begin{array}{r} 4 \\ -\ 1 \\ \hline 3 \end{array}$	$\begin{array}{r} 4 \\ -\ 3 \\ \hline 1 \end{array}$	$\begin{array}{r} 3 \\ -\ 1 \\ \hline 2 \end{array}$

Solution #11

$\begin{array}{r} 4 \\ -\ 3 \\ \hline 1 \end{array}$	$\begin{array}{r} 5 \\ +2 \\ \hline 7 \end{array}$	$\begin{array}{r} 6 \\ -\ 1 \\ \hline 5 \end{array}$	$\begin{array}{r} 2 \\ +10 \\ \hline 12 \end{array}$
$\begin{array}{r} 3 \\ -\ 2 \\ \hline 1 \end{array}$	$\begin{array}{r} 8 \\ +\ 9 \\ \hline 17 \end{array}$	$\begin{array}{r} 5 \\ -\ 2 \\ \hline 3 \end{array}$	$\begin{array}{r} 6 \\ +\ 6 \\ \hline 12 \end{array}$
$\begin{array}{r} 8 \\ +\ 8 \\ \hline 16 \end{array}$	$\begin{array}{r} 2 \\ +7 \\ \hline 9 \end{array}$	$\begin{array}{r} 7 \\ -\ 6 \\ \hline 1 \end{array}$	$\begin{array}{r} 7 \\ +\ 5 \\ \hline 12 \end{array}$
$\begin{array}{r} 6 \\ -\ 4 \\ \hline 2 \end{array}$	$\begin{array}{r} 2 \\ +3 \\ \hline 5 \end{array}$	$\begin{array}{r} 5 \\ +1 \\ \hline 6 \end{array}$	$\begin{array}{r} 2 \\ -\ 1 \\ \hline 1 \end{array}$
$\begin{array}{r} 8 \\ +1 \\ \hline 9 \end{array}$	$\begin{array}{r} 3 \\ -\ 1 \\ \hline 2 \end{array}$	$\begin{array}{r} 8 \\ -\ 1 \\ \hline 7 \end{array}$	$\begin{array}{r} 9 \\ -\ 8 \\ \hline 1 \end{array}$

Solution #12

3 - 2 = 1	2 + 3 = 5	10 + 8 = 18	4 - 1 = 3
8 - 7 = 1	6 + 3 = 9	2 + 4 = 6	7 + 5 = 12
8 + 5 = 13	10 + 7 = 17	9 - 7 = 2	7 - 1 = 6
6 - 3 = 3	2 + 5 = 7	5 + 5 = 10	9 - 8 = 1
9 - 4 = 5	2 - 1 = 1	9 + 9 = 18	9 - 2 = 7

Solution #13

$$\begin{array}{r} 3 \\ -\ 1 \\ \hline 2 \end{array} \qquad \begin{array}{r} 5 \\ +3 \\ \hline 8 \end{array} \qquad \begin{array}{r} 8 \\ -\ 2 \\ \hline 6 \end{array} \qquad \begin{array}{r} 8 \\ +\ \ 8 \\ \hline 16 \end{array}$$

$$\begin{array}{r} 8 \\ -\ 5 \\ \hline 3 \end{array} \qquad \begin{array}{r} 2 \\ +4 \\ \hline 6 \end{array} \qquad \begin{array}{r} 2 \\ -\ 1 \\ \hline 1 \end{array} \qquad \begin{array}{r} 5 \\ +4 \\ \hline 9 \end{array}$$

$$\begin{array}{r} 9 \\ -\ 3 \\ \hline 6 \end{array} \qquad \begin{array}{r} 7 \\ -\ 5 \\ \hline 2 \end{array} \qquad \begin{array}{r} 5 \\ +\ \ 5 \\ \hline 10 \end{array} \qquad \begin{array}{r} 5 \\ +\ \ 7 \\ \hline 12 \end{array}$$

$$\begin{array}{r} 6 \\ +2 \\ \hline 8 \end{array} \qquad \begin{array}{r} 7 \\ +\ \ 9 \\ \hline 16 \end{array} \qquad \begin{array}{r} 1 \\ +10 \\ \hline 11 \end{array} \qquad \begin{array}{r} 7 \\ -\ 6 \\ \hline 1 \end{array}$$

$$\begin{array}{r} 3 \\ -\ 2 \\ \hline 1 \end{array} \qquad \begin{array}{r} 6 \\ -\ 5 \\ \hline 1 \end{array} \qquad \begin{array}{r} 4 \\ -\ 2 \\ \hline 2 \end{array} \qquad \begin{array}{r} 1 \\ +5 \\ \hline 6 \end{array}$$

Solution #14

$$\begin{array}{r} 10 \\ +\ 5 \\ \hline 15 \end{array} \quad \begin{array}{r} 9 \\ +\ 2 \\ \hline 11 \end{array} \quad \begin{array}{r} 9 \\ +10 \\ \hline 19 \end{array} \quad \begin{array}{r} 10 \\ +\ 7 \\ \hline 17 \end{array}$$

$$\begin{array}{r} 3 \\ -1 \\ \hline 2 \end{array} \quad \begin{array}{r} 2 \\ -1 \\ \hline 1 \end{array} \quad \begin{array}{r} 7 \\ -6 \\ \hline 1 \end{array} \quad \begin{array}{r} 2 \\ +1 \\ \hline 3 \end{array}$$

$$\begin{array}{r} 3 \\ -2 \\ \hline 1 \end{array} \quad \begin{array}{r} 6 \\ +\ 7 \\ \hline 13 \end{array} \quad \begin{array}{r} 4 \\ -3 \\ \hline 1 \end{array} \quad \begin{array}{r} 8 \\ -5 \\ \hline 3 \end{array}$$

$$\begin{array}{r} 8 \\ +\ 5 \\ \hline 13 \end{array} \quad \begin{array}{r} 7 \\ -1 \\ \hline 6 \end{array} \quad \begin{array}{r} 5 \\ -4 \\ \hline 1 \end{array} \quad \begin{array}{r} 6 \\ -4 \\ \hline 2 \end{array}$$

$$\begin{array}{r} 9 \\ -1 \\ \hline 8 \end{array} \quad \begin{array}{r} 10 \\ +\ 4 \\ \hline 14 \end{array} \quad \begin{array}{r} 4 \\ +1 \\ \hline 5 \end{array} \quad \begin{array}{r} 5 \\ +10 \\ \hline 15 \end{array}$$

Solution #15

8	4	2	7
+1	- 2	- 1	- 1
9	2	1	6
8	5	1	5
+ 6	+4	+4	- 3
14	9	5	2
7	8	8	5
- 5	- 6	+ 7	- 2
2	2	15	3
7	4	2	6
+ 4	- 3	+3	+ 4
11	1	5	10
8	1	6	10
- 4	+5	- 2	+ 6
4	6	4	16

Solution #16

$$\begin{array}{r} 10 \\ +\ 6 \\ \hline 16 \end{array} \qquad \begin{array}{r} 2 \\ +\ 9 \\ \hline 11 \end{array} \qquad \begin{array}{r} 4 \\ +\ 7 \\ \hline 11 \end{array} \qquad \begin{array}{r} 6 \\ -\ 4 \\ \hline 2 \end{array}$$

$$\begin{array}{r} 7 \\ +10 \\ \hline 17 \end{array} \qquad \begin{array}{r} 6 \\ +3 \\ \hline 9 \end{array} \qquad \begin{array}{r} 6 \\ +1 \\ \hline 7 \end{array} \qquad \begin{array}{r} 8 \\ -\ 2 \\ \hline 6 \end{array}$$

$$\begin{array}{r} 3 \\ +\ 9 \\ \hline 12 \end{array} \qquad \begin{array}{r} 9 \\ -\ 2 \\ \hline 7 \end{array} \qquad \begin{array}{r} 2 \\ -\ 1 \\ \hline 1 \end{array} \qquad \begin{array}{r} 8 \\ -\ 5 \\ \hline 3 \end{array}$$

$$\begin{array}{r} 7 \\ -\ 6 \\ \hline 1 \end{array} \qquad \begin{array}{r} 6 \\ -\ 5 \\ \hline 1 \end{array} \qquad \begin{array}{r} 5 \\ +1 \\ \hline 6 \end{array} \qquad \begin{array}{r} 4 \\ -\ 1 \\ \hline 3 \end{array}$$

$$\begin{array}{r} 7 \\ +\ 5 \\ \hline 12 \end{array} \qquad \begin{array}{r} 4 \\ +\ 8 \\ \hline 12 \end{array} \qquad \begin{array}{r} 4 \\ -\ 2 \\ \hline 2 \end{array} \qquad \begin{array}{r} 4 \\ -\ 3 \\ \hline 1 \end{array}$$

Solution #17

$$\begin{array}{r} 8 \\ +\ 3 \\ \hline 11 \end{array} \qquad \begin{array}{r} 6 \\ +\ 7 \\ \hline 13 \end{array} \qquad \begin{array}{r} 1 \\ +5 \\ \hline 6 \end{array} \qquad \begin{array}{r} 9 \\ +\ 9 \\ \hline 18 \end{array}$$

$$\begin{array}{r} 4 \\ -1 \\ \hline 3 \end{array} \qquad \begin{array}{r} 9 \\ -1 \\ \hline 8 \end{array} \qquad \begin{array}{r} 4 \\ -3 \\ \hline 1 \end{array} \qquad \begin{array}{r} 9 \\ -8 \\ \hline 1 \end{array}$$

$$\begin{array}{r} 9 \\ -6 \\ \hline 3 \end{array} \qquad \begin{array}{r} 2 \\ -1 \\ \hline 1 \end{array} \qquad \begin{array}{r} 2 \\ +6 \\ \hline 8 \end{array} \qquad \begin{array}{r} 2 \\ +7 \\ \hline 9 \end{array}$$

$$\begin{array}{r} 5 \\ -3 \\ \hline 2 \end{array} \qquad \begin{array}{r} 6 \\ -2 \\ \hline 4 \end{array} \qquad \begin{array}{r} 7 \\ +\ 8 \\ \hline 15 \end{array} \qquad \begin{array}{r} 6 \\ -3 \\ \hline 3 \end{array}$$

$$\begin{array}{r} 5 \\ +\ 8 \\ \hline 13 \end{array} \qquad \begin{array}{r} 4 \\ +1 \\ \hline 5 \end{array} \qquad \begin{array}{r} 9 \\ +\ 6 \\ \hline 15 \end{array} \qquad \begin{array}{r} 9 \\ -3 \\ \hline 6 \end{array}$$

Solution #18

$\begin{array}{r} 5 \\ -\ 4 \\ \hline 1 \end{array}$	$\begin{array}{r} 9 \\ +10 \\ \hline 19 \end{array}$	$\begin{array}{r} 9 \\ -\ 3 \\ \hline 6 \end{array}$	$\begin{array}{r} 9 \\ +\ \ 3 \\ \hline 12 \end{array}$
$\begin{array}{r} 3 \\ +1 \\ \hline 4 \end{array}$	$\begin{array}{r} 3 \\ -\ 2 \\ \hline 1 \end{array}$	$\begin{array}{r} 6 \\ +2 \\ \hline 8 \end{array}$	$\begin{array}{r} 3 \\ +10 \\ \hline 13 \end{array}$
$\begin{array}{r} 7 \\ -\ 6 \\ \hline 1 \end{array}$	$\begin{array}{r} 8 \\ -\ 7 \\ \hline 1 \end{array}$	$\begin{array}{r} 9 \\ +\ \ 6 \\ \hline 15 \end{array}$	$\begin{array}{r} 5 \\ -\ 2 \\ \hline 3 \end{array}$
$\begin{array}{r} 7 \\ +\ \ 4 \\ \hline 11 \end{array}$	$\begin{array}{r} 6 \\ +\ \ 9 \\ \hline 15 \end{array}$	$\begin{array}{r} 4 \\ -\ 3 \\ \hline 1 \end{array}$	$\begin{array}{r} 2 \\ -\ 1 \\ \hline 1 \end{array}$
$\begin{array}{r} 6 \\ -\ 3 \\ \hline 3 \end{array}$	$\begin{array}{r} 10 \\ +\ \ 3 \\ \hline 13 \end{array}$	$\begin{array}{r} 3 \\ -\ 1 \\ \hline 2 \end{array}$	$\begin{array}{r} 7 \\ +10 \\ \hline 17 \end{array}$

Solution #19

4 - 3 1	2 +1 3	7 - 1 6	5 +4 9
5 - 1 4	7 - 6 1	6 - 4 2	5 + 6 11
5 + 9 14	3 - 2 1	7 - 4 3	9 - 6 3
9 + 6 15	9 + 3 12	1 +8 9	3 +3 6
7 +1 8	9 - 4 5	5 - 4 1	5 +2 7

Solution #20

6 - 3 3	9 - 8 1	2 - 1 1	8 - 3 5
5 - 4 1	7 - 3 4	6 + 9 15	7 - 6 1
6 + 7 13	5 - 3 2	9 +10 19	5 +3 8
1 + 9 10	5 +1 6	4 - 2 2	8 + 5 13
1 +6 7	10 + 6 16	8 - 4 4	1 +5 6

Solution #21

4 + 8 12	9 + 4 13	8 - 1 7	9 - 3 6
1 +1 2	4 - 2 2	8 +10 18	9 - 4 5
1 +10 11	10 + 2 12	3 +3 6	9 - 6 3
4 - 3 1	2 +5 7	2 - 1 1	10 + 1 11
10 + 6 16	3 - 2 1	8 - 2 6	5 - 2 3

Solution #22

7 + 3 = 10	5 + 8 = 13	3 - 2 = 1	1 + 4 = 5
3 + 6 = 9	10 + 10 = 20	9 - 8 = 1	9 - 5 = 4
4 + 2 = 6	8 + 9 = 17	4 - 3 = 1	7 - 3 = 4
8 - 3 = 5	6 - 4 = 2	1 + 7 = 8	6 - 2 = 4
7 - 5 = 2	3 + 9 = 12	3 + 8 = 11	3 - 1 = 2

Solution #23

$3 + 6 = 9$

$7 + 7 = 14$

$5 - 3 = 2$

$3 + 2 = 5$

$8 - 6 = 2$

$3 - 2 = 1$

$8 - 3 = 5$

$1 + 4 = 5$

$2 + 2 = 4$

$3 + 5 = 8$

$6 - 1 = 5$

$4 - 2 = 2$

$8 - 2 = 6$

$7 - 6 = 1$

$10 + 3 = 13$

$4 - 3 = 1$

$8 + 7 = 15$

$5 - 4 = 1$

$2 + 1 = 3$

$9 + 7 = 16$

Solution #24

8	4	3	7
- 5	- 3	- 2	+2
3	1	1	9
2	8	9	5
- 1	- 7	- 2	+ 8
1	1	7	13
7	8	1	10
- 3	+ 7	+6	+ 3
4	15	7	13
7	9	5	1
- 6	- 6	- 3	+5
1	3	2	6
9	10	3	7
+ 7	+ 1	+6	+ 9
16	11	9	16

Solution #25

$$\begin{array}{r} 5 \\ -\ 4 \\ \hline 1 \end{array} \qquad \begin{array}{r} 2 \\ -\ 1 \\ \hline 1 \end{array} \qquad \begin{array}{r} 8 \\ -\ 7 \\ \hline 1 \end{array} \qquad \begin{array}{r} 3 \\ -\ 2 \\ \hline 1 \end{array}$$

$$\begin{array}{r} 9 \\ -\ 7 \\ \hline 2 \end{array} \qquad \begin{array}{r} 6 \\ +10 \\ \hline 16 \end{array} \qquad \begin{array}{r} 10 \\ +\ \ 8 \\ \hline 18 \end{array} \qquad \begin{array}{r} 4 \\ +5 \\ \hline 9 \end{array}$$

$$\begin{array}{r} 4 \\ -\ 3 \\ \hline 1 \end{array} \qquad \begin{array}{r} 4 \\ -\ 1 \\ \hline 3 \end{array} \qquad \begin{array}{r} 6 \\ +3 \\ \hline 9 \end{array} \qquad \begin{array}{r} 4 \\ +10 \\ \hline 14 \end{array}$$

$$\begin{array}{r} 7 \\ +\ \ 6 \\ \hline 13 \end{array} \qquad \begin{array}{r} 9 \\ -\ 1 \\ \hline 8 \end{array} \qquad \begin{array}{r} 3 \\ +6 \\ \hline 9 \end{array} \qquad \begin{array}{r} 10 \\ +10 \\ \hline 20 \end{array}$$

$$\begin{array}{r} 6 \\ -\ 5 \\ \hline 1 \end{array} \qquad \begin{array}{r} 9 \\ +\ \ 1 \\ \hline 10 \end{array} \qquad \begin{array}{r} 4 \\ -\ 2 \\ \hline 2 \end{array} \qquad \begin{array}{r} 7 \\ +\ \ 3 \\ \hline 10 \end{array}$$

Solution #26

8	3	3	2
+ 7	+4	- 2	- 1
15	7	1	1
8	6	9	4
- 6	- 1	- 1	+1
2	5	8	5
3	7	9	6
+3	- 6	- 7	- 2
6	1	2	4
10	1	9	7
+ 4	+2	+ 8	+ 4
14	3	17	11
2	4	7	9
+5	- 3	+ 9	- 8
7	1	16	1

Solution #27

5 + 7 = 12	4 + 5 = 9	7 - 5 = 2	5 - 2 = 3
7 + 9 = 16	6 - 1 = 5	8 + 5 = 13	6 + 6 = 12
8 - 4 = 4	9 - 4 = 5	9 + 9 = 18	4 - 3 = 1
6 + 9 = 15	2 - 1 = 1	5 - 3 = 2	3 - 1 = 2
8 - 5 = 3	7 + 7 = 14	4 + 10 = 14	8 + 3 = 11

Solution #28

$\begin{array}{r} 3 \\ +\ 9 \\ \hline 12 \end{array}$	$\begin{array}{r} 7 \\ -\ 4 \\ \hline 3 \end{array}$	$\begin{array}{r} 5 \\ +\ 8 \\ \hline 13 \end{array}$	$\begin{array}{r} 10 \\ +\ 2 \\ \hline 12 \end{array}$
$\begin{array}{r} 10 \\ +10 \\ \hline 20 \end{array}$	$\begin{array}{r} 9 \\ -\ 5 \\ \hline 4 \end{array}$	$\begin{array}{r} 8 \\ +\ 6 \\ \hline 14 \end{array}$	$\begin{array}{r} 6 \\ +\ 9 \\ \hline 15 \end{array}$
$\begin{array}{r} 9 \\ +\ 9 \\ \hline 18 \end{array}$	$\begin{array}{r} 3 \\ -\ 2 \\ \hline 1 \end{array}$	$\begin{array}{r} 4 \\ +\ 9 \\ \hline 13 \end{array}$	$\begin{array}{r} 4 \\ -\ 3 \\ \hline 1 \end{array}$
$\begin{array}{r} 8 \\ -\ 1 \\ \hline 7 \end{array}$	$\begin{array}{r} 9 \\ -\ 8 \\ \hline 1 \end{array}$	$\begin{array}{r} 5 \\ -\ 1 \\ \hline 4 \end{array}$	$\begin{array}{r} 3 \\ +\ 8 \\ \hline 11 \end{array}$
$\begin{array}{r} 6 \\ -\ 1 \\ \hline 5 \end{array}$	$\begin{array}{r} 7 \\ -\ 5 \\ \hline 2 \end{array}$	$\begin{array}{r} 5 \\ +\ 6 \\ \hline 11 \end{array}$	$\begin{array}{r} 7 \\ -\ 1 \\ \hline 6 \end{array}$

Solution #29

$\begin{array}{r} 3 \\ -\ 2 \\ \hline 1 \end{array}$	$\begin{array}{r} 3 \\ +6 \\ \hline 9 \end{array}$	$\begin{array}{r} 7 \\ -\ 2 \\ \hline 5 \end{array}$	$\begin{array}{r} 5 \\ +10 \\ \hline 15 \end{array}$
$\begin{array}{r} 2 \\ +2 \\ \hline 4 \end{array}$	$\begin{array}{r} 6 \\ -\ 3 \\ \hline 3 \end{array}$	$\begin{array}{r} 2 \\ -\ 1 \\ \hline 1 \end{array}$	$\begin{array}{r} 10 \\ +10 \\ \hline 20 \end{array}$
$\begin{array}{r} 2 \\ +\ \ 9 \\ \hline 11 \end{array}$	$\begin{array}{r} 9 \\ -\ 7 \\ \hline 2 \end{array}$	$\begin{array}{r} 7 \\ -\ 4 \\ \hline 3 \end{array}$	$\begin{array}{r} 5 \\ +\ \ 5 \\ \hline 10 \end{array}$
$\begin{array}{r} 9 \\ -\ 5 \\ \hline 4 \end{array}$	$\begin{array}{r} 6 \\ -\ 2 \\ \hline 4 \end{array}$	$\begin{array}{r} 6 \\ +10 \\ \hline 16 \end{array}$	$\begin{array}{r} 4 \\ -\ 2 \\ \hline 2 \end{array}$
$\begin{array}{r} 9 \\ -\ 8 \\ \hline 1 \end{array}$	$\begin{array}{r} 4 \\ +\ \ 9 \\ \hline 13 \end{array}$	$\begin{array}{r} 1 \\ +4 \\ \hline 5 \end{array}$	$\begin{array}{r} 9 \\ +\ \ 4 \\ \hline 13 \end{array}$

Solution #30

$$\begin{array}{r} 5 \\ -\ 4 \\ \hline 1 \end{array} \qquad \begin{array}{r} 8 \\ -\ 6 \\ \hline 2 \end{array} \qquad \begin{array}{r} 5 \\ +4 \\ \hline 9 \end{array} \qquad \begin{array}{r} 3 \\ +3 \\ \hline 6 \end{array}$$

$$\begin{array}{r} 10 \\ +\ \ 8 \\ \hline 18 \end{array} \qquad \begin{array}{r} 5 \\ +3 \\ \hline 8 \end{array} \qquad \begin{array}{r} 6 \\ +\ \ 8 \\ \hline 14 \end{array} \qquad \begin{array}{r} 3 \\ -\ 1 \\ \hline 2 \end{array}$$

$$\begin{array}{r} 5 \\ -\ 2 \\ \hline 3 \end{array} \qquad \begin{array}{r} 7 \\ +2 \\ \hline 9 \end{array} \qquad \begin{array}{r} 4 \\ -\ 2 \\ \hline 2 \end{array} \qquad \begin{array}{r} 3 \\ -\ 2 \\ \hline 1 \end{array}$$

$$\begin{array}{r} 2 \\ -\ 1 \\ \hline 1 \end{array} \qquad \begin{array}{r} 5 \\ +\ \ 6 \\ \hline 11 \end{array} \qquad \begin{array}{r} 8 \\ +\ \ 8 \\ \hline 16 \end{array} \qquad \begin{array}{r} 5 \\ -\ 1 \\ \hline 4 \end{array}$$

$$\begin{array}{r} 4 \\ +1 \\ \hline 5 \end{array} \qquad \begin{array}{r} 9 \\ -\ 2 \\ \hline 7 \end{array} \qquad \begin{array}{r} 4 \\ -\ 3 \\ \hline 1 \end{array} \qquad \begin{array}{r} 3 \\ +\ \ 9 \\ \hline 12 \end{array}$$

Solution #31

$\begin{array}{r} 3 \\ +5 \\ \hline 8 \end{array}$	$\begin{array}{r} 4 \\ -2 \\ \hline 2 \end{array}$	$\begin{array}{r} 9 \\ -7 \\ \hline 2 \end{array}$	$\begin{array}{r} 5 \\ +1 \\ \hline 6 \end{array}$
$\begin{array}{r} 6 \\ +5 \\ \hline 11 \end{array}$	$\begin{array}{r} 2 \\ +6 \\ \hline 8 \end{array}$	$\begin{array}{r} 2 \\ -1 \\ \hline 1 \end{array}$	$\begin{array}{r} 5 \\ +10 \\ \hline 15 \end{array}$
$\begin{array}{r} 4 \\ -3 \\ \hline 1 \end{array}$	$\begin{array}{r} 3 \\ +1 \\ \hline 4 \end{array}$	$\begin{array}{r} 8 \\ -7 \\ \hline 1 \end{array}$	$\begin{array}{r} 4 \\ +6 \\ \hline 10 \end{array}$
$\begin{array}{r} 3 \\ -1 \\ \hline 2 \end{array}$	$\begin{array}{r} 9 \\ -4 \\ \hline 5 \end{array}$	$\begin{array}{r} 9 \\ +7 \\ \hline 16 \end{array}$	$\begin{array}{r} 9 \\ +5 \\ \hline 14 \end{array}$
$\begin{array}{r} 8 \\ -1 \\ \hline 7 \end{array}$	$\begin{array}{r} 8 \\ -3 \\ \hline 5 \end{array}$	$\begin{array}{r} 5 \\ -1 \\ \hline 4 \end{array}$	$\begin{array}{r} 8 \\ +9 \\ \hline 17 \end{array}$

Solution #32

3 - 1 2	8 - 7 1	5 - 2 3	6 + 5 11
2 - 1 1	6 +2 8	7 - 3 4	6 + 9 15
7 - 6 1	9 - 3 6	9 - 2 7	1 +3 4
7 + 7 14	1 +8 9	7 - 4 3	4 +10 14
1 +6 7	6 - 4 2	7 +10 17	7 + 5 12

Solution #33

4 - 1 3	7 + 4 11	5 +3 8	3 - 1 2
8 - 2 6	9 - 5 4	7 - 6 1	10 + 1 11
3 +2 5	6 - 1 5	5 - 4 1	4 + 8 12
8 + 6 14	8 - 3 5	4 - 3 1	9 + 7 16
1 +8 9	6 + 9 15	2 +2 4	5 - 3 2

Solution #34

9 - 6 = 3	8 - 2 = 6	2 - 1 = 1	9 - 3 = 6
8 + 7 = 15	5 - 1 = 4	8 + 8 = 16	4 + 2 = 6
3 + 3 = 6	5 - 3 = 2	10 + 6 = 16	3 + 8 = 11
7 - 6 = 1	4 + 5 = 9	9 - 8 = 1	3 + 4 = 7
6 + 10 = 16	5 - 2 = 3	4 - 3 = 1	9 + 2 = 11

Solution #35

$\begin{array}{r} 6 \\ +2 \\ \hline 8 \end{array}$	$\begin{array}{r} 8 \\ -7 \\ \hline 1 \end{array}$	$\begin{array}{r} 4 \\ +9 \\ \hline 13 \end{array}$	$\begin{array}{r} 9 \\ -5 \\ \hline 4 \end{array}$
$\begin{array}{r} 8 \\ -2 \\ \hline 6 \end{array}$	$\begin{array}{r} 8 \\ -5 \\ \hline 3 \end{array}$	$\begin{array}{r} 2 \\ +7 \\ \hline 9 \end{array}$	$\begin{array}{r} 4 \\ +3 \\ \hline 7 \end{array}$
$\begin{array}{r} 9 \\ +6 \\ \hline 15 \end{array}$	$\begin{array}{r} 3 \\ -2 \\ \hline 1 \end{array}$	$\begin{array}{r} 5 \\ -1 \\ \hline 4 \end{array}$	$\begin{array}{r} 9 \\ -6 \\ \hline 3 \end{array}$
$\begin{array}{r} 3 \\ +4 \\ \hline 7 \end{array}$	$\begin{array}{r} 3 \\ +9 \\ \hline 12 \end{array}$	$\begin{array}{r} 8 \\ -3 \\ \hline 5 \end{array}$	$\begin{array}{r} 7 \\ -2 \\ \hline 5 \end{array}$
$\begin{array}{r} 3 \\ +6 \\ \hline 9 \end{array}$	$\begin{array}{r} 5 \\ +5 \\ \hline 10 \end{array}$	$\begin{array}{r} 10 \\ +6 \\ \hline 16 \end{array}$	$\begin{array}{r} 8 \\ -1 \\ \hline 7 \end{array}$

Solution #36

$\begin{array}{r} 8 \\ +\ 8 \\ \hline 16 \end{array}$	$\begin{array}{r} 3 \\ -\ 2 \\ \hline 1 \end{array}$	$\begin{array}{r} 6 \\ -\ 1 \\ \hline 5 \end{array}$	$\begin{array}{r} 4 \\ +3 \\ \hline 7 \end{array}$
$\begin{array}{r} 1 \\ +\ 9 \\ \hline 10 \end{array}$	$\begin{array}{r} 3 \\ -\ 1 \\ \hline 2 \end{array}$	$\begin{array}{r} 10 \\ +\ 3 \\ \hline 13 \end{array}$	$\begin{array}{r} 10 \\ +\ 1 \\ \hline 11 \end{array}$
$\begin{array}{r} 5 \\ -\ 2 \\ \hline 3 \end{array}$	$\begin{array}{r} 4 \\ +\ 7 \\ \hline 11 \end{array}$	$\begin{array}{r} 9 \\ -\ 6 \\ \hline 3 \end{array}$	$\begin{array}{r} 10 \\ +\ 9 \\ \hline 19 \end{array}$
$\begin{array}{r} 2 \\ +1 \\ \hline 3 \end{array}$	$\begin{array}{r} 4 \\ -\ 3 \\ \hline 1 \end{array}$	$\begin{array}{r} 7 \\ -\ 2 \\ \hline 5 \end{array}$	$\begin{array}{r} 6 \\ -\ 5 \\ \hline 1 \end{array}$
$\begin{array}{r} 7 \\ +\ 8 \\ \hline 15 \end{array}$	$\begin{array}{r} 4 \\ -\ 1 \\ \hline 3 \end{array}$	$\begin{array}{r} 8 \\ +1 \\ \hline 9 \end{array}$	$\begin{array}{r} 8 \\ -\ 7 \\ \hline 1 \end{array}$

Solution #37

$\begin{array}{r} 7 \\ -\ 5 \\ \hline 2 \end{array}$	$\begin{array}{r} 1 \\ +6 \\ \hline 7 \end{array}$	$\begin{array}{r} 5 \\ +\ 6 \\ \hline 11 \end{array}$	$\begin{array}{r} 5 \\ -\ 1 \\ \hline 4 \end{array}$
$\begin{array}{r} 8 \\ -\ 6 \\ \hline 2 \end{array}$	$\begin{array}{r} 2 \\ +\ 9 \\ \hline 11 \end{array}$	$\begin{array}{r} 3 \\ +4 \\ \hline 7 \end{array}$	$\begin{array}{r} 7 \\ +\ 9 \\ \hline 16 \end{array}$
$\begin{array}{r} 2 \\ -\ 1 \\ \hline 1 \end{array}$	$\begin{array}{r} 3 \\ +1 \\ \hline 4 \end{array}$	$\begin{array}{r} 4 \\ +1 \\ \hline 5 \end{array}$	$\begin{array}{r} 2 \\ +\ 8 \\ \hline 10 \end{array}$
$\begin{array}{r} 7 \\ -\ 3 \\ \hline 4 \end{array}$	$\begin{array}{r} 6 \\ -\ 5 \\ \hline 1 \end{array}$	$\begin{array}{r} 7 \\ -\ 6 \\ \hline 1 \end{array}$	$\begin{array}{r} 7 \\ -\ 4 \\ \hline 3 \end{array}$
$\begin{array}{r} 9 \\ -\ 8 \\ \hline 1 \end{array}$	$\begin{array}{r} 8 \\ +\ 3 \\ \hline 11 \end{array}$	$\begin{array}{r} 1 \\ +\ 9 \\ \hline 10 \end{array}$	$\begin{array}{r} 4 \\ -\ 2 \\ \hline 2 \end{array}$

Solution #38

2 + 3 = 5	10 + 8 = 18	8 - 4 = 4	10 + 10 = 20
3 + 5 = 8	9 - 7 = 2	8 - 7 = 1	2 + 9 = 11
8 + 10 = 18	5 - 3 = 2	5 + 3 = 8	9 + 5 = 14
3 + 10 = 13	6 - 4 = 2	10 + 1 = 11	6 - 5 = 1
3 - 2 = 1	4 - 3 = 1	2 - 1 = 1	3 - 1 = 2

Solution #39

$\begin{array}{r} 2 \\ +1 \\ \hline 3 \end{array}$	$\begin{array}{r} 6 \\ -4 \\ \hline 2 \end{array}$	$\begin{array}{r} 7 \\ +9 \\ \hline 16 \end{array}$	$\begin{array}{r} 1 \\ +3 \\ \hline 4 \end{array}$
$\begin{array}{r} 6 \\ -2 \\ \hline 4 \end{array}$	$\begin{array}{r} 1 \\ +4 \\ \hline 5 \end{array}$	$\begin{array}{r} 9 \\ -2 \\ \hline 7 \end{array}$	$\begin{array}{r} 9 \\ +3 \\ \hline 12 \end{array}$
$\begin{array}{r} 7 \\ +7 \\ \hline 14 \end{array}$	$\begin{array}{r} 9 \\ -1 \\ \hline 8 \end{array}$	$\begin{array}{r} 6 \\ -5 \\ \hline 1 \end{array}$	$\begin{array}{r} 6 \\ +8 \\ \hline 14 \end{array}$
$\begin{array}{r} 6 \\ +7 \\ \hline 13 \end{array}$	$\begin{array}{r} 9 \\ -8 \\ \hline 1 \end{array}$	$\begin{array}{r} 3 \\ -2 \\ \hline 1 \end{array}$	$\begin{array}{r} 7 \\ -3 \\ \hline 4 \end{array}$
$\begin{array}{r} 2 \\ -1 \\ \hline 1 \end{array}$	$\begin{array}{r} 9 \\ +5 \\ \hline 14 \end{array}$	$\begin{array}{r} 7 \\ -4 \\ \hline 3 \end{array}$	$\begin{array}{r} 3 \\ +4 \\ \hline 7 \end{array}$

Solution #40

$\begin{array}{r} 8 \\ -\ 6 \\ \hline 2 \end{array}$	$\begin{array}{r} 5 \\ +\ 6 \\ \hline 11 \end{array}$	$\begin{array}{r} 9 \\ +\ 2 \\ \hline 11 \end{array}$	$\begin{array}{r} 7 \\ +\ 5 \\ \hline 12 \end{array}$
$\begin{array}{r} 5 \\ +\ 5 \\ \hline 10 \end{array}$	$\begin{array}{r} 8 \\ +\ 8 \\ \hline 16 \end{array}$	$\begin{array}{r} 10 \\ +\ 3 \\ \hline 13 \end{array}$	$\begin{array}{r} 3 \\ +\ 7 \\ \hline 10 \end{array}$
$\begin{array}{r} 9 \\ -\ 2 \\ \hline 7 \end{array}$	$\begin{array}{r} 8 \\ -\ 5 \\ \hline 3 \end{array}$	$\begin{array}{r} 3 \\ -\ 1 \\ \hline 2 \end{array}$	$\begin{array}{r} 7 \\ -\ 4 \\ \hline 3 \end{array}$
$\begin{array}{r} 9 \\ -\ 6 \\ \hline 3 \end{array}$	$\begin{array}{r} 6 \\ -\ 5 \\ \hline 1 \end{array}$	$\begin{array}{r} 3 \\ +\ 9 \\ \hline 12 \end{array}$	$\begin{array}{r} 2 \\ -\ 1 \\ \hline 1 \end{array}$
$\begin{array}{r} 4 \\ +\ 6 \\ \hline 10 \end{array}$	$\begin{array}{r} 3 \\ +1 \\ \hline 4 \end{array}$	$\begin{array}{r} 4 \\ -\ 2 \\ \hline 2 \end{array}$	$\begin{array}{r} 5 \\ -\ 3 \\ \hline 2 \end{array}$

Solution #41

6 - 2 4	3 - 2 1	10 + 9 19	3 +3 6
4 +5 9	2 +2 4	1 +5 6	9 - 8 1
10 + 5 15	2 +7 9	8 - 6 2	8 - 4 4
3 +4 7	2 - 1 1	3 +5 8	7 - 2 5
4 - 3 1	8 - 7 1	5 - 3 2	9 + 5 14

Solution #42

$$\begin{array}{r} 5 \\ -\ 4 \\ \hline 1 \end{array} \qquad \begin{array}{r} 7 \\ +\ 3 \\ \hline 10 \end{array} \qquad \begin{array}{r} 8 \\ -\ 7 \\ \hline 1 \end{array} \qquad \begin{array}{r} 6 \\ +\ 6 \\ \hline 12 \end{array}$$

$$\begin{array}{r} 3 \\ +6 \\ \hline 9 \end{array} \qquad \begin{array}{r} 10 \\ +\ 1 \\ \hline 11 \end{array} \qquad \begin{array}{r} 8 \\ +\ 3 \\ \hline 11 \end{array} \qquad \begin{array}{r} 6 \\ -\ 3 \\ \hline 3 \end{array}$$

$$\begin{array}{r} 2 \\ -\ 1 \\ \hline 1 \end{array} \qquad \begin{array}{r} 8 \\ -\ 5 \\ \hline 3 \end{array} \qquad \begin{array}{r} 6 \\ +3 \\ \hline 9 \end{array} \qquad \begin{array}{r} 1 \\ +10 \\ \hline 11 \end{array}$$

$$\begin{array}{r} 6 \\ -\ 5 \\ \hline 1 \end{array} \qquad \begin{array}{r} 8 \\ +10 \\ \hline 18 \end{array} \qquad \begin{array}{r} 8 \\ -\ 4 \\ \hline 4 \end{array} \qquad \begin{array}{r} 7 \\ -\ 6 \\ \hline 1 \end{array}$$

$$\begin{array}{r} 3 \\ +1 \\ \hline 4 \end{array} \qquad \begin{array}{r} 10 \\ +\ 5 \\ \hline 15 \end{array} \qquad \begin{array}{r} 7 \\ -\ 1 \\ \hline 6 \end{array} \qquad \begin{array}{r} 5 \\ -\ 3 \\ \hline 2 \end{array}$$

Solution #43

7 + 6 13	1 +4 5	9 - 7 2	6 - 5 1
6 +1 7	7 + 7 14	7 - 6 1	8 + 3 11
2 + 8 10	2 +5 7	9 - 2 7	2 - 1 1
8 +1 9	4 - 3 1	5 - 2 3	1 +3 4
5 + 7 12	8 - 7 1	7 - 1 6	8 - 1 7

Solution #44

8 + 5 13	4 - 1 3	2 +7 9	7 - 6 1
9 - 5 4	9 - 2 7	4 - 3 1	7 - 5 2
1 +5 6	6 +2 8	1 +3 4	9 - 8 1
7 + 8 15	6 + 6 12	9 - 4 5	2 - 1 1
3 - 2 1	1 +8 9	5 +10 15	10 + 2 12

Solution #45

$\begin{array}{r} 4 \\ +\ 6 \\ \hline 10 \end{array}$	$\begin{array}{r} 3 \\ -\ 1 \\ \hline 2 \end{array}$	$\begin{array}{r} 7 \\ +\ 8 \\ \hline 15 \end{array}$	$\begin{array}{r} 2 \\ -\ 1 \\ \hline 1 \end{array}$
$\begin{array}{r} 8 \\ -\ 5 \\ \hline 3 \end{array}$	$\begin{array}{r} 10 \\ +\ 8 \\ \hline 18 \end{array}$	$\begin{array}{r} 9 \\ +\ 3 \\ \hline 12 \end{array}$	$\begin{array}{r} 7 \\ -\ 2 \\ \hline 5 \end{array}$
$\begin{array}{r} 2 \\ +\ 9 \\ \hline 11 \end{array}$	$\begin{array}{r} 5 \\ +1 \\ \hline 6 \end{array}$	$\begin{array}{r} 4 \\ -\ 3 \\ \hline 1 \end{array}$	$\begin{array}{r} 3 \\ +10 \\ \hline 13 \end{array}$
$\begin{array}{r} 3 \\ -\ 2 \\ \hline 1 \end{array}$	$\begin{array}{r} 2 \\ +2 \\ \hline 4 \end{array}$	$\begin{array}{r} 7 \\ -\ 6 \\ \hline 1 \end{array}$	$\begin{array}{r} 6 \\ -\ 4 \\ \hline 2 \end{array}$
$\begin{array}{r} 3 \\ +\ 8 \\ \hline 11 \end{array}$	$\begin{array}{r} 3 \\ +4 \\ \hline 7 \end{array}$	$\begin{array}{r} 9 \\ -\ 1 \\ \hline 8 \end{array}$	$\begin{array}{r} 6 \\ -\ 1 \\ \hline 5 \end{array}$

Solution #46

7 - 6 = 1	8 + 9 = 17	1 + 8 = 9	5 - 2 = 3
6 + 7 = 13	9 + 5 = 14	5 - 3 = 2	3 - 2 = 1
1 + 7 = 8	10 + 3 = 13	8 + 8 = 16	6 - 3 = 3
8 - 2 = 6	9 + 1 = 10	3 - 1 = 2	3 + 2 = 5
9 - 3 = 6	1 + 10 = 11	5 - 4 = 1	2 - 1 = 1

Solution #47

$\begin{array}{r} 6 \\ +\ \ 6 \\ \hline 12 \end{array}$	$\begin{array}{r} 9 \\ +\ \ 4 \\ \hline 13 \end{array}$	$\begin{array}{r} 8 \\ -\ 2 \\ \hline 6 \end{array}$	$\begin{array}{r} 4 \\ -\ 3 \\ \hline 1 \end{array}$
$\begin{array}{r} 4 \\ -\ 1 \\ \hline 3 \end{array}$	$\begin{array}{r} 2 \\ -\ 1 \\ \hline 1 \end{array}$	$\begin{array}{r} 6 \\ -\ 2 \\ \hline 4 \end{array}$	$\begin{array}{r} 6 \\ -\ 5 \\ \hline 1 \end{array}$
$\begin{array}{r} 8 \\ +\ \ 7 \\ \hline 15 \end{array}$	$\begin{array}{r} 10 \\ +\ \ 8 \\ \hline 18 \end{array}$	$\begin{array}{r} 9 \\ -\ 1 \\ \hline 8 \end{array}$	$\begin{array}{r} 5 \\ -\ 4 \\ \hline 1 \end{array}$
$\begin{array}{r} 7 \\ +\ \ 5 \\ \hline 12 \end{array}$	$\begin{array}{r} 8 \\ -\ 7 \\ \hline 1 \end{array}$	$\begin{array}{r} 7 \\ -\ 3 \\ \hline 4 \end{array}$	$\begin{array}{r} 10 \\ +\ \ 7 \\ \hline 17 \end{array}$
$\begin{array}{r} 2 \\ +2 \\ \hline 4 \end{array}$	$\begin{array}{r} 1 \\ +3 \\ \hline 4 \end{array}$	$\begin{array}{r} 3 \\ +3 \\ \hline 6 \end{array}$	$\begin{array}{r} 2 \\ +7 \\ \hline 9 \end{array}$

Solution #48

$\begin{array}{r} 8 \\ -\ 2 \\ \hline 6 \end{array}$	$\begin{array}{r} 5 \\ -\ 2 \\ \hline 3 \end{array}$	$\begin{array}{r} 7 \\ -\ 4 \\ \hline 3 \end{array}$	$\begin{array}{r} 3 \\ +6 \\ \hline 9 \end{array}$
$\begin{array}{r} 4 \\ -\ 3 \\ \hline 1 \end{array}$	$\begin{array}{r} 7 \\ +\ \ 7 \\ \hline 14 \end{array}$	$\begin{array}{r} 2 \\ +3 \\ \hline 5 \end{array}$	$\begin{array}{r} 9 \\ -\ 7 \\ \hline 2 \end{array}$
$\begin{array}{r} 7 \\ -\ 5 \\ \hline 2 \end{array}$	$\begin{array}{r} 8 \\ +1 \\ \hline 9 \end{array}$	$\begin{array}{r} 1 \\ +8 \\ \hline 9 \end{array}$	$\begin{array}{r} 6 \\ +2 \\ \hline 8 \end{array}$
$\begin{array}{r} 8 \\ -\ 3 \\ \hline 5 \end{array}$	$\begin{array}{r} 3 \\ -\ 1 \\ \hline 2 \end{array}$	$\begin{array}{r} 4 \\ +\ \ 6 \\ \hline 10 \end{array}$	$\begin{array}{r} 10 \\ +\ \ 7 \\ \hline 17 \end{array}$
$\begin{array}{r} 7 \\ +\ \ 8 \\ \hline 15 \end{array}$	$\begin{array}{r} 8 \\ -\ 5 \\ \hline 3 \end{array}$	$\begin{array}{r} 6 \\ -\ 4 \\ \hline 2 \end{array}$	$\begin{array}{r} 9 \\ +\ \ 7 \\ \hline 16 \end{array}$

Solution #49

$$\begin{array}{r} 6 \\ -\ 2 \\ \hline 4 \end{array} \quad \begin{array}{r} 1 \\ +2 \\ \hline 3 \end{array} \quad \begin{array}{r} 3 \\ +3 \\ \hline 6 \end{array} \quad \begin{array}{r} 9 \\ -\ 3 \\ \hline 6 \end{array}$$

$$\begin{array}{r} 5 \\ -\ 4 \\ \hline 1 \end{array} \quad \begin{array}{r} 3 \\ -\ 2 \\ \hline 1 \end{array} \quad \begin{array}{r} 4 \\ -\ 3 \\ \hline 1 \end{array} \quad \begin{array}{r} 9 \\ -\ 4 \\ \hline 5 \end{array}$$

$$\begin{array}{r} 4 \\ +2 \\ \hline 6 \end{array} \quad \begin{array}{r} 1 \\ +5 \\ \hline 6 \end{array} \quad \begin{array}{r} 8 \\ -\ 6 \\ \hline 2 \end{array} \quad \begin{array}{r} 10 \\ +\ \ 5 \\ \hline 15 \end{array}$$

$$\begin{array}{r} 2 \\ +4 \\ \hline 6 \end{array} \quad \begin{array}{r} 6 \\ +\ \ 5 \\ \hline 11 \end{array} \quad \begin{array}{r} 2 \\ -\ 1 \\ \hline 1 \end{array} \quad \begin{array}{r} 5 \\ +2 \\ \hline 7 \end{array}$$

$$\begin{array}{r} 6 \\ -\ 4 \\ \hline 2 \end{array} \quad \begin{array}{r} 2 \\ +1 \\ \hline 3 \end{array} \quad \begin{array}{r} 8 \\ -\ 1 \\ \hline 7 \end{array} \quad \begin{array}{r} 9 \\ +\ \ 8 \\ \hline 17 \end{array}$$

Solution #50

4 - 1 3	5 - 2 3	4 +5 9	6 +10 16
3 - 1 2	6 - 5 1	9 - 2 7	6 - 1 5
9 - 7 2	4 +1 5	6 + 4 10	10 + 7 17
8 + 6 14	9 - 6 3	9 +10 19	7 - 3 4
8 + 7 15	10 + 1 11	8 + 4 12	8 - 7 1

www.ingramcontent.com/pod-product-compliance
Lightning Source LLC
LaVergne TN
LVHW022013200926
848481LV00007B/2368
* 9 7 9 8 9 5 0 3 0 9 0 8 3 *